COMMISSARIAT GÉNÉRAL DES ÉTATS-UNIS D'AMÉRIQUE
A L'EXPOSITION UNIVERSELLE DE 1889, A PARIS

LA SCIENCE AGRICOLE

ET

L'ÉDUCATION AGRICOLE AUX ÉTATS-UNIS

PAR

A. C. TRUE, PH. D.

Extrait du Rapport sur les productions agricoles des États-Unis, préparé sous la direction du Secrétaire de l'Agriculture, en vue de l'Exposition de 1889, à Paris.

HISTOIRE DU DÉPARTEMENT

L'établissement d'un Conseil national d'Agriculture fut une des mesures que Washington recommanda d'une manière pressante, comme président, à l'attention du Congrès. Les comités des deux Chambres du Congrès débattirent à cette époque lointaine la question de venir en aide à l'agriculture, mais l'indifférence des Chambres et des objections tirées de la constitution même s'opposèrent à une action législative. Pendant l'administration de John Quincy Adams, les consuls des États-Unis, dans les diverses parties du monde, reçurent l'ordre d'envoyer au Département d'État des graines et des plantes rares destinées à être distribuées, et, vers la même époque, on établit à Washington un jardin botanique. Ces mesures ont été la première origine du Département de l'Agriculture aux États-Unis.

Dans la répartition du service que l'on fit peu de temps après l'adoption de la Constitution fédérale, il y a cent ans, entre les divers départements du gouvernement, le Département d'État eut, notamment, la mission de délivrer les brevets, quoique, plusieurs années durant, le secrétaire de la presse et l'attorney général aient fait partie de ce qu'on peut appeler la commission des brevets. Pendant un quart de siècle, la besogne du bureau des Brevets fut relativement si insignifiante, que les fonctionnaires qui y étaient employés eurent apparemment tout le loisir nécessaire pour s'occuper ailleurs; c'est ainsi que le bureau des Brevets put présider à la réception et à la distribution du petit nombre de graines recueillies par les consuls.

Quand, le 4 juillet 1836, le bureau des Brevets devint un gouvernement, et que l'Hon. Henry L. Ellsworth, du Connecticut, fut nommé le premier commissaire des Brevets, ce nouveau fonctionnaire conçut l'idée qu'il rentrait dans ses attributions de venir en aide aux fermiers en leur distribuant des graines et des plantes. M. Ellsworth avait été fermier dans le Connecticut; en qualité de commissaire chargé des Indiens, il avait voyagé loin vers l'ouest, et, vivement impressionné par la fertilité de la vaste région des prairies, il s'intéressait beaucoup aux projets qui tendaient à ouvrir ces terres à la colonisation. Il avait compris également l'importance qu'avait l'invention des instruments agricoles perfectionnés qui commençaient alors à attirer l'attention publique, et était persuadé que de grands avantages pourraient résulter « de l'établissement — d'un système régulier de choix et de distribution de graines et de semences des variétés les meilleures pour servir aux besoins de l'agriculture ».

Tel fut le zèle du commissaire des Brevets dans cette direction que, sans autorisation légale et en dehors des heures où il était occupé par ses fonctions, il put se procurer, à titre de dons gratuits, des semences et des plantes qu'il distribua ensuite aux fermiers dans les diverses régions du pays. Dans son premier rapport annuel daté du 1er janvier 1838, il sollicita chaleureusement une allocation pour continuer et développer son entreprise. Le Congrès ne prêta pas une attention immédiate à sa demande; mais, avec l'aide amicale de quelques membres du Congrès, qui mirent leur bourse à sa disposition, M. Ellsworth persévéra dans la tâche qu'il s'était imposée. Les rapports favorables sur les résultats obtenus, grâce aux graines et aux plantes ainsi distribuées, qui ne tardèrent pas à affluer de toutes les parties du pays, parlèrent comme les meilleurs arguments auraient pu le faire et finirent par éveiller l'attention du Congrès, jusque-là indifférent. « Dans les dernières séances du vingt-cinquième Congrès (acte du 3 mars 1839), le commissaire eut le plaisir de recevoir une allocation de 5,000 francs, prise sur les fonds du bureau des Brevets, et destinée à lui permettre de recueillir et de distribuer des graines, de poursuivre des recherches agricoles et d'obtenir les statistiques agricoles désirables. Telle fut l'origine de la division agricole du bureau des Brevets. »

Dans le rapport en date du 1er janvier 1841, on constate que 30,000 paquets de graines avaient été distribués l'année précédente, et qu'on était en train de dresser des statistiques agricoles basées sur les résultats du dernier recensement. On signalait à l'attention du Congrès « l'importance qu'il y avait pour le public à être tenu au courant de la situation des récoltes dans les diverses parties du pays, par un rapport annuel, qui préviendrait les accaparements et fournirait une base excellente pour calculer l'état des échanges ». Dans le rapport suivant, on publia des tableaux basés sur les données du recensement de 1840, données complétées par des renseignements extraits de rapports agricoles, de journaux et d'une correspondance officielle avec des personnes notables de toutes les parties du pays; ces tableaux présentaient l'estimation des produits de l'agriculture aux Etats-Unis pour l'année 1841. Le peu d'importance qu'on attachait à cette entreprise au point de vue agricole et l'opposition à laquelle eurent à faire face ceux qui en favorisèrent les débuts, sont attestés par ce fait qu'en 1840, en 1841 et, de nouveau, en 1846, le Congrès s'abstint de voter aucune allocation pour cet objet. Même quand il accorda des allocations, la subvention fut médiocre, car « jusqu'en 1874, en aucune année, l'allocation annuelle ne dépassa 25,000 francs, et le plus souvent elle n'atteignit pas ce chiffre ».

En 1854, on abandonna le système consistant à voter une subvention sur les fonds du bureau des Brevets, et l'année suivante on remboursa la somme totale (195,000 francs) empruntée à ce fonds dans l'intérêt de l'agriculture. Depuis lors, toutes les subventions accordées à l'agriculture ont été votées sur les fonds du Trésor.

M. Ellsworth, après de vains efforts pour persuader au Congrès d'établir « un bureau agricole ou tout au moins un emploi de fonctionnaire spécialement chargé de l'agriculture, qui eût pu être créé à peu de frais », ou de voter « une allocation suffisante pour permettre à une personne dûment qualifiée pour cet emploi d'examiner par elle-même les diverses parties du pays », non seulement continua à distribuer des graines et à préparer les statistiques agricoles, mais écrivit lui-même plusieurs essais détaillés sur la situation et l'avenir de l'agriculture américaine. Ces essais du commissaire des Brevets « provoquent l'admiration par la façon complète dont ils traitent le sujet choisi, par le détail dans lequel ils entrent et par la parfaite connaissance des ressources agricoles du pays dont l'auteur fait preuve ». Cette besogne littéraire était comme une « besogne préférée » qu'exécutait l'auteur en dehors de ses heures de bureau. De la même époque date l'habitude de publier des communications émanant de fermiers et de journaux agricoles relativement à des questions pratiques intéressant l'agriculture.

En 1845, M. Ellsworth résigna ses fonctions et eut pour successeur l'Hon. Edmund Burke, du New-Hampshire. Le nouveau commissaire des Brevets consacra plus de 1,000 pages de son rapport de 1845 à des sujets agricoles. Il y introduisit plusieurs innovations, « notamment des tableaux des importations et des exportations de l'Angleterre et des Etats-Unis, et la cote anglaise du coton ». Le Congrès considéra sans doute comme intempérant un tel zèle pour l'agriculture, car il refusa de voter aucune allocation en faveur de l'agriculture pour l'année suivante. « Le rapport du bureau des Brevets pour l'année 1846 ne contenait aucune statistique agricole, aucun essai, aucune correspondance ou article de journal ayant trait à l'agriculture. » Mais, l'année suivante, l'allocation pour l'agriculture fut rétablie. « Le rapport de cette année fut particulièrement riche en statistiques relatives aux produits du travail et du capital aux États-Unis, au mouvement de ces produits et des produits étrangers sur les lignes intérieures de transport, à la consommation des produits alimentaires et au surplus utilisable pour l'exportation, à la demande de ces produits sur les marchés étrangers, au mouvement de la population, de la propriété, des prix, etc. Le volume était illustré plus abondamment et à plus de frais qu'aucun de ceux qui l'avaient précédé. » En 1848, la quantité de semences distribuées s'élevait à 75,000 paquets, et cette année, pour la première fois, mention est faite des expériences faites sur les grains étrangers par un « intelligent jardinier ».

En 1849, l'Hon. Thomas Ewbank, de New-York, devint commissaire des Brevets. Selon les instructions du secrétaire de l'intérieur, du Département duquel dépend le bureau des Brevets, on confia à un « agriculteur joignant la pratique à la théorie » le soin de préparer et de rédiger la partie du rapport annuel consacrée à l'agriculture. Ce fonctionnaire renonça à publier des statistiques agricoles et remplit son rapport d'essais d'un caractère scientifique ou pratique soigneusement écrits. On se conforma à ce précédent pendant bon nombre d'années. On ouvrit de plus en plus les colonnes du rapport à l'auteur d'essais et de moins en moins au correspondant qui tenait au courant de la situation des récoltes. Vers 1850, le bureau agricole et industriel, que réclamait M. Ellsworth, semble avoir vu le jour. Le rapport annuel de 1853 fait allusion, en termes assez bizarres, à la variété et à la valeur des collections de graines, fibres, insectes, etc., qu'il contenait.

C'est en 1854 que le Congrès semble s'être aperçu du grand bien qu'avait fait la distribution des graines, des plantes et la diffusion des renseignements agricoles. Le crédit annuel fut porté à 175,000 francs et depuis n'est jamais tombé au-dessous de cette somme. On employa un agent spécial « pour faire des recherches et des rapports sur les habitudes des insectes nuisibles et utiles à la végétation, spécialement de ceux qui affectent le coton ». En 1855 on s'entendit avec la « Smithsonian Institution » pour obtenir et publier des statistiques météorologiques. On employa également un chimiste et un botaniste, et un jardin des plantes fut commencé.

L'intérêt témoigné à l'agriculture par le gouvernement s'accrut rapidement d'année en année. Des conseils d'agriculture et des collèges agricoles furent établis dans un grand nombre d'États ; les sociétés et les journaux agricoles ne cessaient de voir s'accroître leur nombre et leur influence. Enfin le Congrès vota la loi Morrill destinée à assurer la dotation des collèges agricoles et industriels. Le président Buchanan y opposa son veto, mais à la suite du changement de l'administration, la loi fut de nouveau votée par le Congrès et cette fois accueillie avec faveur par le nouveau Pouvoir exécutif. Le grand Ouest agricole devenait chaque année un facteur de plus grande importance dans la vie nationale, et après que les représentants des États du Sud se furent retirés du Congrès, on écouta avec plus de bienveillance les demandes des agriculteurs amis du progrès qui résidaient dans les États situés au delà des Alleghanies.

Le premier rapport annuel du Commissaire David P. Hollaway, de l'Indiana, est digne de notice en ce qu'il a été le dernier et le plus complet « manuel » agricole qu'ait publié le bureau des Brevets, le type extrême du rapport consacré aux maïs agricoles, et enfin en ce qu'il renferme un plaidoyer hardi et pressant en faveur de la création d' « un département des Arts de la production, destiné à protéger tous les intérêts industriels du pays, mais spécialement l'agriculture ».

Le Congrès adopta une partie du plan du commissaire et vota une loi établissant un département de l'agriculture. Cette loi devint effective à la suite de l'approbation que donna le 15 mai 1862 le président Lincoln au vote des Chambres, et le 1er juillet de la même année le nouveau département fut installé dans les locaux du bureau des Brevets, occupés précédemment par la division agricole de ce bureau.

Bien qu'aux termes de la loi, un nouveau département fût établi, le fonctionnaire placé à sa tête devait s'appeler commissaire de l'agriculture et ne devait pas faire partie du cabinet. Voici le texte même de la loi :

« Il a été décidé par le Sénat et la Chambre des Représentants des États-Unis d'Amérique, en Congrès réunis, qu'il est établi au siège du gouvernement des États-Unis un Département de l'Agriculture dont les attributions et la fonction générale seront d'obtenir et de répandre dans le peuple des États-Unis toute information utile sur les matières qui intéressent l'agriculture, au sens le plus général et le plus compréhensif de ce mot, et d'acquérir, vulgariser et distribuer parmi les agriculteurs des graines et plantes nouvelles et utiles.

Sec. 2. — Il a été en outre décidé que le Président, après avis et consentement du Sénat, nommera un commissaire de l'agriculture qui aura la direction du département de l'Agriculture, qui exercera ses fonctions dans les mêmes conditions que les autres fonctionnaires civils nommés par le Président et qui recevra un traitement de 15,000 francs par an.

Sec. 3. — Il a été en outre décidé que le Commissaire de l'Agriculture aura pour mission de se procurer et de conserver dans les départements tous les renseignements relatifs à l'agriculture qu'il pourra obtenir par livres ou correspondance et par des expériences pratiques et scientifiques (dont il gardera dans ses bureaux la relation exacte), par la réunion de statistiques et par tous autres moyens appropriés en son pouvoir ; de réunir, comme il le pourra, de nouvelles graines et plantes utiles ; d'essayer par la culture la valeur de celles qui peuvent réclamer une semblable expérience, de vulgariser celles qui peuvent mériter d'être répandues, et de les distribuer parmi les agriculteurs. Il fera chaque année un rapport général écrit au Président et au Congrès; dans ce rapport il pourra demander la publication d'articles compris dans son rapport ou l'accompagnant; ce rapport contiendra également justifications de toutes les sommes reçues et dépensées par lui. Il fera aussi des rapports spéciaux sur des sujets particuliers toutes les fois qu'il en sera requis par le Président ou l'une ou l'autre des Chambres, ou quand il estimera que l'occasion l'exige. Il recevra et prendra en charge tout ce que possède la division agricole du bureau des Brevets dans le département de l'Intérieur, y compris les meubles et tout ce que renferme le jardin d'essai. Il réglera et dirigera la dépense des sommes allouées au département par le Congrès et en rendra compte ainsi que de tout l'argent alloué jusqu'ici à l'agriculture et qui n'a pas été dépensé. Ledit commissaire pourra envoyer et recevoir par la poste gratuitement toutes les communications et les autres objets relatifs au service de son département, pourvu qu'ils ne dépassent pas 32 onces (environ 1 kilogr.).

Sec. 4. — Il a été en outre décidé que le commissaire de l'agriculture nommera un chef de service (chief clerk), au traitement de 10,000 francs, qui, pendant l'absence dudit commissaire ou pendant la vacance de cet emploi principal, remplira toutes les fonctions du commissaire; qu'il nommera les autres employés dont les fonctions pourront être instituées par le Congrès, au traitement des employés de même grade des autres départements; et qu'il pourra, dans la mesure des crédits alloués par le Congrès, employer, pour la durée pendant laquelle leurs services seront nécessaires, d'autres personnes, telles que chimistes, botanistes, entomologistes et autres personnes versées dans les sciences naturelles qui touchent à l'agriculture. Ledit commissaire et toutes les personnes nommées dans ledit département, avant d'entrer en service, prêteront serment ou promettront de remplir exactement et fidèlement la mission qui leur sera confiée. Ledit commissaire et le chef de service seront aussi tenus, avant d'entrer en fonctions, de donner séparément caution au trésorier des États-Unis, le premier versera un cautionnement de 50,000 francs, le second de 25,000, comme garantie qu'ils s'engagent à rendre un compte exact et fidèle tous les trois mois de l'argent qu'ils auront reçu en vertu de leurs fonctions, avec des sûretés qui devront être acceptées comme suffisantes par le « Solicitor » de la Trésorerie; ces sûretés seront enregistrées dans le bureau du premier contrôleur de la trésorerie et confisquées dans le cas d'une violation quelconque des conditions ci-dessus.

Approuvé le 15 mai 1862. »

L'Hon. Isaac Newton, de la Pennsylvanie, qui avait été depuis 1861 le directeur de la division agricole du bureau des Brevets, fut désigné pour être le premier commissaire de l'agriculture. M. Newton avait été un premier ami du progrès et de beaucoup d'expériences pratiques; il avait été l'un des premiers et des plus actifs parmi les membres de la société d'agriculture de la Pennsylvanie, et pendant de longues années il s'était employé à représenter au Congrès l'importance de la création du département de l'agriculture qu'il était maintenant appelé à diriger. En entrant en fonctions, il s'occupa aussitôt de donner au département une organisation conforme à l'esprit libéral de la loi qui le créait. On était à la veille de terribles événements, et tous les départements étaient comme stimulés par les graves périls qui menaçaient l'existence même de la nation. On augmenta le nombre des employés de l'ancienne division de l'agriculture; on y ajouta un chimiste et on établit un laboratoire; un habile horticulteur fut mis à la tête du jardin d'essai; on déploya une plus grande activité dans la réunion et la dissémination des faits principaux intéressant l'agriculture et on distribua une plus grande quantité de graines et de boutures.

« Le premier rapport annuel du département marqua un progrès signalé sur la plupart des précédents rapports. Il traitait surtout de sujets nouveaux en agriculture et dans les champs d'investigation qui s'y rattachent. Mais ce qui le distinguait surtout, c'était la réapparition des statistiques agricoles abandonnées depuis si longtemps, on les présentait en relation avec des observations sur les faits principaux qu'elles accusaient; elles étaient suivies de tableaux complets des exportations agricoles. Le huitième recensement fournissait les données des tableaux des productions agricoles. Le détail important qu'on faisait ainsi revivre répondait à une exigence exprimée de la loi créant le département, et depuis il n'a jamais été omis. Un bureau spécial de statistique fut organisé dans les premiers mois de 1863, et c'est ce bureau qui fut chargé de la réunion et de l'analyse de toutes les statistiques. Le Bolsman, de l'Indiana, fut nommé statisticien. Pour se rendre compte aussitôt que possible de la condition des récoltes, de leur production, des prix de vente et d'autres faits concernant les opérations agricoles courantes, le commissaire envoya en 1863 des circulaires périodiques aux fermiers de tous les comtés des États loyaux. Les résultats ainsi obtenus furent donnés au public dans des rapports mensuels qu'on a continué à publier jusqu'à ce jour, en apportant à leur plan primitif telles modifications que le temps et l'expérience ont paru rendre nécessaires. Le premier rapport mensuel fut publié le 10 juillet 1863. On inaugura en même temps la publication dans les rapports mensuels de tables météorologiques mensuelles et bi-mensuelles, fournies par la « Smithsonian Institution ». Ces tables furent reproduites dans le rapport annuel suivant. Jusqu'en 1872 la même disposition concernant ces tables fut conservée; puis la publication en fut suspendue.

« L'emploi d'un jardinier expérimenté fut une des innovations les plus heureuses de la première année de l'administration de M. Newton. Il fut favorisé en se procurant les services de William Saunders, qui n'a pas cessé depuis de se donner avec zèle et dévouement à l'œuvre qui lui est confiée.

« Dans la seconde année de l'administration de M. Newton (1863), le nombre de paquets de graines distribuées atteignit 1,200,000, et celui d'oignons, de sarments, de boutures et de plantes, 25,750. Townsend Glover fut nommé entomologiste. Le rapport annuel pour 1863 marqua le premier effort qu'on eût fait depuis le temps d'Ellsworth et de Burke pour greffer sur les données du recensement les statistiques du progrès annuel de la production agricole. Les tableaux qu'il renfermait, rédigés d'après les rapports de chaque mois, indiquaient le rendement moyen à l'acre des diverses récoltes de 1863 et les prix moyens auxquels elles s'étaient vendues pendant le mois de novembre de la même année. Depuis lors jusqu'à maintenant, le département a beaucoup aidé, par la publication de tableaux de cette valeur, à protéger à la fois les consommateurs et les producteurs contre les exactions de spéculateurs envahissants. »

En 1864 la réserve du gouvernement dans la ville de Washington, située entre la « Smithsonian Institution » et le monument de Washington et comprenant 35 acres, fut assignée au département de l'Agriculture. Pendant plusieurs années ce terrain fut utilisé surtout comme « ferme d'expériences ». Quand l'accroissement des services du département rendit nécessaire l'érection d'un bâtiment pour son usage exclusif, l'édifice fut construit sur cette ferme. Le bâtiment, construit en briques, coûta 500,000 francs et fut terminé en 1868. Il contient maintenant les bureaux, le laboratoire et la bibliothèque du département. Mais il est insuffisant et il faudra bientôt l'agrandir ou le remplacer par un nouvel édifice. Tandis qu'on était en train de construire l'édifice, on décida de supprimer la ferme d'expériences et de convertir les terrains en un jardin d'agrément comprenant des arbustes et des arbres résistants, arrangés dans leur ordre naturel. Sous la direction artistique du conservateur du jardin, les terrains ont été arrangés et plantés de telle sorte qu'ils forment aujourd'hui des jardins les plus agréables de Washington.

L'histoire du département pendant les années qui suivirent jusqu'au temps présent est celle de son accroissement et de son développement suivant les grandes lignes déjà indiquées. Il s'est accru de branches scientifiques au fur et à mesure que les progrès des sciences agricoles demandaient de nouvelles divisions du travail, et les ressources dont disposait le département lui ont permis d'étendre le cercle de ses efforts. Il a entrepris des expériences pratiques pour la protection et au profit des fermiers sur une échelle de plus en plus vaste à mesure que le succès de ses entreprises démontrait qu'il était sage de le diriger dans un sens libéral. Les crédits annuels mis à sa disposition se sont élevés à plus de 7,500,000 fr., le nombre de ses employés ou collaborateurs se chiffre par milliers, et le total de ses publications annuelles dépasse un demi-million d'exemplaires.

Il est impossible dans ce rapport de suivre pas à pas ce progrès, de montrer comment les limites de l'influence du département se sont reculées et comment il a fourni des données de plus en plus précieuses à la fois aux savants et aux cultivateurs. Il suffira de dire que le département a si bien mérité des uns et des autres qu'il a gagné la confiance et la faveur de plus en plus grande des agriculteurs, des savants et du public en général et qu'il a fini par recevoir, en étant érigé en département indépendant, le rang officiel dû à un service du gouvernement qui a dans ses attributions des intérêts qui sont ceux d'une moitié de la population et qui sont la source principale de notre prospérité nationale.

Le 11 février 1889, le président Cleveland a approuvé l'acte par lequel le Congrès a créé un département spécial qui doit s'appeler département de l'agriculture, et il a choisi comme premier secrétaire de l'Agriculture Norman J. Colman, le dernier commissaire de l'agriculture. M. Colman a prêté serment le 15 février en présence des fonctionnaires et employés du département.

Au changement de l'administration le 4 mars 1889, M. Colman a résigné ses fonctions, et Jeremiah M. Rusk, du Wisconsin, a été nommé secrétaire de l'agriculture par le président Harrison. Edwin Willits, président du Collège agricole du Michigan et directeur de la station d'expériences de cet établissement, a été nommé secrétaire adjoint. Ces deux fonctionnaires auront à arrêter les bases de la réorganisation du département ainsi accru en importance et à déterminer le sens de la direction qui lui sera imprimée pendant de longues années.

A ce moment important de son histoire, il peut être intéressant de retracer en quelques mots, pour ceux qui s'occupent des institutions américaines, les principaux traits de l'organisation actuelle de ce département du gouvernement des États-Unis. Il va sans dire qu'une telle description de l'organisation et du travail des diverses divisions du département ne peut donner une idée exacte de la grande influence qu'exerce pratiquement et scientifiquement le département, influence qui se fait sentir dans toutes les parties du pays. On ne doit pas oublier non plus que la besogne du département ne se borne pas à celle qu'accomplit la routine journalière des bureaux. Les conférences, les articles, les mémoires préparés par les principaux fonctionnaires et les membres de l'état-major scientifique du département et qui sont lus devant les associations de cultivateurs, les sociétés savantes, le public agricole et le grand public, prennent chaque année plus d'importance en exerçant une heureuse influence sur le développement de la culture intelligente du sol et en assurant l'habileté scientifique, l'exactitude et le succès dans la conduite des recherches qui n'ont pas seulement une haute valeur abstraite, mais encore un prix directement pratique. Le département s'efforce de plus en plus de découvrir, classifier et décrire les faits et les principes de la science agricole d'une manière approfondie, de manière à ce que ces

*

faits et ces principes puissent être clairement entendus et intelligemment et heureusement appliqués dans la pratique agricole sur les milliers de fermes des États-Unis.

Dans son organisation actuelle le département de l'agriculture comprend le secrétaire avec ses bureaux, le secrétaire adjoint, le chef de service (chief clerk) qui veille aussi à l'entretien des bâtiments du département, la division de la comptabilité et des dépenses, la bibliothèque, le service de la papeterie, celui du pliage, le bureau des stations d'expériences, le bureau des industries animales, la division de statistique, entomologie, chimie, botanique, pomologie, ornithologie, microscopie, forêts, la division des grains et la division des jardins et des terrains.

LISTE DES FONCTIONNAIRES DU DÉPARTEMENT

(*Bureau du secrétaire de l'Agriculture.*)

Secrétaire, Jeremiah M. Rusk.
Secrétaire adjoint, Edwin Willits.
Chef du service, S.-S. Rockwood.
Secrétaire particulier du secrétaire de l'agriculture, O.-D. La Dow.
Chef de la division de la comptabilité, B.-F. Fuller.
Bibliothécaire, madame E.-H. Stevens.

(*Bureau des stations d'Expériences.*)

Directeur, W. O. Atwater.
Directeur adjoint, A.-W. Harris.

(*Bureau des Industries animales.*)

Chef, D.-E. Salmon.
Chef adjoint, A.-M. Farrington.

(*Division de la statistique.*)

Statisticien, J.-R. Dodge.

(*Division de l'Entomologie.*)

Entomologiste, C.-V. Riley.
Entomologiste adjoint, L.-O. Howard.
Chef de la section de la soie, Philip. Walker.

(*Division de la Chimie.*)

Chimiste, Harvey W. Wiley.
Chimiste adjoint, C.-A. Crampton.

(*Division de la Botanique.*)

Botaniste, Georges Vasey.
Chef de la section de pathologie végétale, B.-T. Galloway.

(*Division de Pomologie.*)

Pomologiste, H.-E. Van Deman.

(*Division d'Ornithologie.*)

Ornithologiste, C. Hart Merriam.
Ornithologiste adjoint, W.-B. Barrows.

(*Division de Microscopie.*)

Microscopiste, Thomas Taylor.

(*Division des Forêts.*)

Chef, B.-E. Fernow.

(*Division des Graines.*)

Chef, William M. King.
Directeur des distributions de semences, H.-R. Branham.

(*Jardins et Terrains.*)

Horticulteur et directeur des jardins. William Saunders.

BUREAU DU SECRÉTAIRE DE L'AGRICULTURE

Secrétaire de l'agriculture, Jeremiah M. Rusk, du Wisconsin.

Les fonctions du secrétaire de l'Agriculture sont, d'une manière générale, celles qui incombent aux membres du Cabinet présidentiel et celles que remplissait naguère le Commissaire de l'Agriculture, conformément aux termes de la loi par laquelle le Congrès a établi le département. En tant que membre du cabinet du président, le secrétaire de l'Agriculture est le conseiller du président, non seulement sur toutes les questions intéressant le département de l'agriculture, mais encore sur celles qui concernent la direction générale de la politique du gouvernement. Comme chef exécutif du département, il a la nomination des fonctionnaires subordonnés, agit comme intermédiaire entre le département et le Congrès, les autres branches du gouvernement et le public; il a la direction générale du département, est chargé d'assurer l'exécution des lois votées par le Congrès, qui concernent son département, et prend des mesures d'ordres divers dans l'intérêt de l'agriculture et pour éclairer et guider les agriculteurs dans la théorie et la pratique de l'agriculture.

Le service du département est dirigé en grande partie au nom du secrétaire, et les crédits considérables alloués par le Congrès pour ses objets généraux ou spéciaux, sont employés sous sa direction et à sa discrétion. Comme tous les chefs des départements exécutifs aux Etats-Unis, il est responsable devant le président et lui doit compte des intérêts qui lui sont confiés.

Secrétaire adjoint de l'agriculture, Edwin Willits, du Michigan.

Cette fonction a été créée en même temps qu'on élargissait les pouvoirs et les attributions du département de l'agriculture. Elle n'est encore que partiellement organisée, mais on a déjà placé sous la dépendance du secrétaire adjoint les divisions suivantes du département.

La division botanique et la section de pathologie végétale.
La division pomologique.
La division de microscopie.
La division de chimie.
La division ornithologique.
La division des forêts.
La division entomologique et la section de la soie.
Le bureau des stations d'expériences.

Le secrétaire adjoint d'une manière générale surveille et dirige les études et les opérations scientifiques des divisions et des sections ci-dessus indiquées, et toute la correspondance relative au travail scientifique desdites divisions et sections est soumise à sa signature et à son approbation.

Chef du service (Chief Clerk), S.-S. Rockwood.

Le chef du service est le fonctionnaire en chef du département et est de droit le directeur des bâtiments du département. Il est placé à la tête de tous les employés du département, statue sur toutes les demandes de congé et d'une manière générale dirige toute l'organisation active du département.

Division de la comptabilité et des dépenses, B.-F. Fuller, chef.

Le rôle principal de cette division est de préparer les états de traitement, de payer les employés du département, de recevoir, examiner, vérifier et payer tous les comptes de dépenses faites par le département, d'en tenir registre et de préparer et présenter les comptes au département des finances, pour régularisation définitive. On conserve aussi dans cette division un inventaire des propriétés de l'Etat aux mains du département, copie de toutes les nominations, avancements en grade ou révocations d'employés ; copie de toutes les soumissions, traités, locations, etc. ; copie des reçus délivrés par les Compagnies de factage, les originaux des commandes faites pour le compte du département, des réquisitions pour impressions, qui seront destinés à vérifier le compte ouvert par le secrétaire des finances au département de l'agriculture. D'une manière générale, toute la partie financière du département relève de cette division. Vu le grand nombre de crédits alloués pour le département et la nécessité d'ouvrir des comptes séparés, la préparation, la vérification des comptes et leur inscription définitive dans les livres exigent un soin et une exactitude extrêmes.

Voici comment sont versés les fonds destinés au paiement des traitements et des comptes : on fait une évaluation approximative du total qu'il faudra prélever sur les crédits et on envoie au Trésor une réquisition pour pareille somme. Quand cette réquisition est arrivée au Trésor, on place sur les livres du Trésor la somme totale demandée au crédit de l'employé du département de l'agriculture chargé des paiements.

Quand le département a besoin d'argent, le secrétaire fait une réquisition pour la somme nécessaire, et la réquisition est présentée à cette Division. S'il y a un crédit spécial pour l'achat en question, on le commande, les marchandises sont remises à la division qui doit s'en servir, et le compte est présenté en double à la division de comptabilité. Cette division remet alors le compte au chef de la division pour laquelle on a acheté lesdites marchandises, celui-ci certifie que les marchandises ont été reçues et régulièrement employées et que les prix demandés sont justes et raisonnables et il renvoie le compte à la division de la comptabilité. Le compte est alors soumis à l'approbation du secrétaire et, après son approbation, il revient à la division de la comptabilité où il est vérifié et, s'il est exact, payé soit au moyen d'un chèque tiré sur le Trésor, soit au moyen des fonds qu'on a obtenus du Trésor pour cet objet. Le paiement effectué, le compte est enregistré dans le livre des dépenses, rapporté dans le journal au crédit sur lequel le paiement en a été imputé et, à la fin du trimestre, il est joint aux autres comptes du département et transmis au Trésor pour régularisation définitive.

Bibliothèque, madame E. H. Stevens, bibliothécaire.

La bibliothèque du département comprend à l'heure actuelle environ 18,000 volumes; elle forme surtout une collection d'ouvrages scientifiques précieux sur l'agriculture considérée dans toutes ses branches, y compris l'agriculture proprement dite, la botanique, la chimie, l'entomologie, l'horticulture, la microscopie, la pomologie, la statistique, etc. Un grand nombre de publications périodiques, de journaux scientifiques et les publications des sociétés scientifiques et agricoles des Etats-Unis et des pays étrangers y sont reçus soit par échange soit par abonnement. Des catalogues par noms d'auteurs et titres de sujets sont dressés sur cartes.

Papeterie et enregistrement.

Le service de cette section peut s'indiquer sous les rubriques suivantes:

1. On y garde un compte exact de tout le papier et des autres objets qui ont été reçus pour l'usage du département et de leur répartition entre les diverses divisions, conformément aux ordres du secrétaire ou du chef de service, sur réquisitions régulières:

2. On y reçoit, copie, enregistre et envoie à la poste toutes les lettres adressées par le département qui sont envoyées à la section pour cet objet.

3. On y reçoit, enregistre, résume toutes les lettres arrivant au département qui sont envoyées à la section pour cet objet.

4. On y prépare les réponses aux lettres, sur des objets spéciaux, qui sont envoyées pour cet objet au chef de la section.

5. On y arrange systématiquement, pour faciliter les références, toutes les lettres et documents envoyés à la section.

6. On y reçoit et on y expédie tous les livres, brochures, lettres et graines pour les pays étrangers; on fait le compte journalier des timbres-poste qui ont pu être ainsi employés; on fournit aux employés du département les timbres-poste, cartes postales, etc., qu'ils peuvent demander.

Chambre d'emballage.

Dans la chambre d'emballage, on reçoit, plie, expédie les publications du département. Les publications faites en 1888 ont compris les ouvrages suivants :

	Nombre d'exemplaires.
Rapport annuel du département	400,000
Circulaire du bureau des industries animales	25,000
Rapports de la division de statistique	199,000
Bulletins et circulaires de la division de botanique. . .	30,500
— — — de chimie. . . .	23,000
— — — de pomologie . .	1,500
— — — d'entomologie . .	53,000
— — — d'ornithologie . .	1,500
— — — des forêts	16,000
Total	749,500

Bureau des stations d'expériences, W. O. Atwater, directeur.

Conformément à un acte du Congrès, approuvé le 2 mars 1887, et par l'initiative des Etats, il a été établi aux Etats-Unis quarante-six stations d'expériences agricoles employant plus de trois cent soixante-dix fonctionnaires instruits et expérimentés ou agriculteurs pratiques. Ces stations reçoivent annuellement du Gouvernement 2,925,000 francs et des gouvernements des Etats et d'autres sources plus de 625,000 francs ; il y a donc au total plus de 3,550,000 francs consacrés annuellement aux expériences agricoles dans le pays.

Pour coordoner les travaux de ces stations, pour réunir et publier les résultats obtenus dans l'intérêt du pays tout entier, pour aider les stations dans certaines entreprises communes, pour fournir un moyen de communication entre les stations de ce pays et celles des autres contrées et pour former un bureau d'informations sur toutes les matières relatives à l'histoire, à la condition actuelle et au progrès de la science et de l'éducation agricoles, il a été établi, en octobre 1888, par autorisation du Congrès, une division du département d'agriculture qui est connue sous le nom de bureau des stations d'expériences. Pour le service de ce bureau, le Congrès a alloué un crédit de 50,000 francs pour l'année courante et de 75,000 francs pour l'année prochaine, en outre de la somme allouée aux sections d'expériences.

Ce bureau a déjà réuni une somme considérable d'informations concernant l'histoire et la situation présente de la science et de l'éducation agricoles aux Etats-Unis, a pris des dispositions pour la publication de monographies, de bulletins des sections d'expériences et de bulletins destinés aux fermiers et traitant de sujets relatifs à la science et à la pratique de l'agriculture; il a commencé à former une bibliothèque de publications des stations et a contribué à la publication des comptes rendus du Congrès de l'association des collèges américains d'agriculture et des stations d'expériences. La première série des bulletins des stations d'expériences a déjà vu le jour. Elle contient une introduction rédigée par le secrétaire de l'agriculture, un aperçu de l'organisation et des premiers travaux du bureau, des tableaux indiquant les dates d'organisation, le nombre des fonctionnaires et les revenus des stations d'expériences des Etats-Unis, une liste des écoles et collèges agricoles des États-Unis avec indication des localités où ils sont établis et les noms de leurs directeurs, une liste des stations d'expériences avec les noms des membres de leurs conseils d'administration et de leurs principaux fonctionnaires, la législation des Etats-Unis concernant les stations d'expériences, les applications que font de cette législation le Trésor et le service des postes, enfin un court aperçu des nouvelles intéressant les stations d'expériences.

Le bureau a, en outre, aidé les horticulteurs des sections à assurer l'uniformité des méthodes employées pour vérifier et décrire les nouvelles variétés de fruits, légumes, etc., et sous ses auspices a eu lieu, entre les délégués d'un grand nombre de stations, une conférence dans laquelle on a arrêté un plan d'essais comparatifs de terrains avec emploi d'engrais.

Pour resserrer les liens qui unissent le bureau aux stations d'expériences, le directeur visite personnellement les stations aussi souvent que ses autres attributions le lui permettent.

Comme bureau d'informations, le bureau entretient une correspondance considérable.

Bureau des industries animales, D. E. Salmon, chef.

Le bureau des industries animales a été établi par un acte du Congrès du 29 mai 1884 et organisé le 1er juin 1884. Les divers travaux du bureau peuvent être classifiés comme suit:

1. — Investigations et rapports sur la condition, la protection et l'emploi des animaux domestiques aux Etats-Unis.

2. — Recherches et rapports sur les causes des maladies contagieuses et infectieuses chez les animaux domestiques, et sur les remèdes préventifs et curatifs de ces maladies.

3. — Réunion de toutes les informations sur les sujets indiqués aux paragraphes 1 et 2 qui peuvent être utiles aux intérêts agricoles et commerciaux du pays.

4. — Examen et comptes rendus des meilleures méthodes employées pour traiter, transporter et soigner les animaux et des moyens à adopter pour supprimer la pleuro-pneumonie et pour en empêcher la propagation.

5. — Recherche et suppression de la pleuro-pneumonie par l'inspection, la mise en quarantaine et l'abatage des animaux atteints et la désinfection des bâtiments, constructions et véhicules de transport.

6. — Recherches scientifiques originales, entreprises à la station d'expériences et au laboratoire de Washington sur le sujet précédent.

7. — Direction et administration des stations de quarantaine établies pour les bestiaux importés.

8. — Travail de bureau comprenant le classement des rapports des inspecteurs du bétail, avec index et résumés, la correspondance relative aux animaux malades et la préparation des rapports du bureau destinés à la publication.

La distribution du travail ci-dessus indiqué se fait comme suit :

Au début de l'année et de temps en temps le chef du bureau, après entente avec le secrétaire de l'Agriculture, choisit parmi les sujets compris dans les paragraphes 1, 2 et 3, ceux qui doivent faire l'objet de recherches et de rapports, et le secrétaire désigne des personnes compétentes pour diriger ces recherches. Les employés choisis à cet effet sont en général des hommes bien connus, qui se sont fait une réputation dans l'ordre spécial des recherches qui leur sont confiées et à qui leurs relations assurent toutes facilités pour se procurer les renseignements désirés. Ils résident dans diverses parties des Etats-Unis et, dans le cours de leurs recherches, ils sont tenus de se déplacer pour mieux exécuter les recherches dont ils sont chargés. Leur travail achevé, ils adressent leur rapport au chef du bureau, qui, s'il en approuve les termes, le soumet au secrétaire. Ce rapport, s'il est d'un intérêt général pour le pays, est inséré dans le rapport annuel du bureau des Industries animales et transmis au Congrès conformément à la loi.

Le système employé pour mener à bien les travaux indiqués dans le paragraphe 5 est le suivant :

Le secrétaire de l'Agriculture, sur la recommandation du chef du bureau, nomme des inspecteurs avec mission de s'enquérir de l'existence de la pleuro-pneumonie dans les localités qu'on suppose infestées. Ces inspecteurs envoient des rapports hebdomadaires ou plus fréquents au chef de bureau et envoient tous les détails désirables sur les troupeaux, les animaux, les bâtiments et les conditions dans lesquelles ils se trouvent, ils y joignent les noms des propriétaires et les dates de leurs inspections. Partout où l'on découvre l'existence de la pleuro-pneumonie, on en informe aussitôt le chef de bureau et l'inspecteur en chef de l'Etat où la découverte a été faite et l'on met en quarantaine provisoire le troupeau dans lequel on l'a constatée. L'inspecteur en chef visite immédiatement le troupeau pour vérifier le diagnostic de l'inspecteur, et envoie ses conclusions au bureau. Comme le diagnostic externe de la pleuro-pneumonie ne va pas sans beaucoup de difficulté, qu'il est rarement satisfaisant et concluant, le chef du bureau est fréquemment obligé de vérifier personnellement le diagnostic de l'inspecteur en chef. Quand il est certain de l'existence réelle de la maladie, le troupeau est mis en quarantaine permanente. Les animaux affectés sont achetés et abattus, ou sont condamnés, prisés et abattus de compte à demi avec les autorités de l'Etat. Dès qu'on s'est défait du troupeau, les bâtiments et les étables sont soigneusement désinfectés, et la quarantaine est levée. En même temps un inspecteur est chargé de s'assurer des origines de la maladie et de rechercher l'animal ou les animaux qui l'ont introduite dans les étables d'où ils sont venus.

Quand on constate la pleuro-pneumonie dans plus d'un troupeau d'une même localité, on établit une quarantaine de la localité, les limites du district mis en quarantaine étant établies suivant les ordres du chef du bureau. On envoie notice de la quarantaine au gouverneur de l'Etat dans lequel se trouve le district, et elle est annoncée dans les journaux désignés par le secrétaire; on envoie également notice de la quarantaine à toutes les compagnies de transport qui opèrent dans le district, et défense leur est faite de transporter les animaux de l'espèce infectée, à moins qu'ils n'aient été préalablement examinés par un inspecteur du bureau et que celui-ci ait déclaré qu'ils sont exempts de la maladie et qu'ils n'y ont pas été exposés. Les précautions les plus strictes sont prises pour empêcher la violation de la quarantaine et la diffusion de la pleuro-pneumonie pendant qu'on est en train de la supprimer dans le district mis en quarantaine. Quand le chef du bureau a l'assurance que la maladie n'existe plus, les quarantaines établies sont levées et on en informe tous ceux que la suppression de la quarantaine intéresse.

La mise en quarantaine du bétail arrivant de pays étrangers, qui relevait jadis du département des finances, a, par acte du Congrès, été placée parmi les attributions du département de l'Agriculture et ajoutée aux autres services du bureau des industries animales. Ces stations de quarantaine sont au nombre de cinq, elles sont situées à Littleton, Massachusetts; Garfield, New-Jersey; Philadelphie, Pennsylvanie; Patapsco, Maryland; et San Francisco, Californie. Les importateurs du bétail sont tenus de prendre un permis indiquant le nombre de têtes qui doivent être importées et les ports d'embarquement et d'arrivée. Ce permis donne à leurs bestiaux le droit d'être reçus dans les stations de quarantaine. A l'arrivée des vaisseaux chargés de bétail, le receveur des douanes envoie un avis aux directeurs de la station de quarantaine du port, et le directeur se rend sur le navire, examine et prend en charge le bétail importé et le place en quarantaine à la station pour une période de quatre-vingt-dix jours. Au bout de cette période, s'il est constaté que les animaux sont exempts de toute maladie, on lève la quarantaine établie contre eux, et les importateurs sont autorisés à les expédier sur les points qu'ils désirent. Des rapports complets, indiquant le nom du navire, celui de l'exportateur, le nombre et la race de chaque catégorie d'animaux importés, et indiquant la localité et la personne auxquelles ils sont finalement expédiés, sont adressés au bureau et enregistrés pour référence future, et un résumé de ce travail est inséré dans le rapport annuel du bureau.

Pour l'année fiscale qui vient, 2,500,000 francs ont été alloués pour le service de ce bureau. Sur cette somme 75,000 francs peuvent être dépensés pour la continuation des recherches entreprises sur les causes et la nature du choléra des porcs et de la « swine plague », et sur les moyens d'empêcher et de guérir ces maladies.

Division de statistique. — J. R. Dodge, statisticien.

Le service de cette division comprend toutes les classes de statistiques agricoles des États-Unis spécialement, et des autres pays en ce qui concerne les produits étrangers qui entrent en concurrence ave ceux des États-Unis. Ses attributions impliquent donc la réunion, la classification et la coordination de statistiques de production, de distribution et de consommation, la collection des informations autorisées fournies par les gouvernements, établissements agricoles, sociétés, chambres de commerce et par les particuliers compétents. Ce travail exige la comparaison et la conservation de tableaux des prix, une série de précieuses statistiques illustrant l'influence de la loi de l'offre et de la demande, les règlements de chaque commerce et les restrictions qui y sont apportées, la distribution monétaire et jusqu'aux changements qui découlent des édits arbitraires de la mode.

Cette division publie un rapport annuel qui est inséré chaque année dans le volume publié par ordre du Congrès; une série mensuelle de rapports du statisticien; de temps en temps des rapports spéciaux qui supposent des recherches plus approfondies de statistique sur des sujets d'un intérêt actuel pour le public, et des cartes et des diagrammes illustrant les statistiques de l'agriculture. L'édition des rapports mensuels est tirée à 20,000 exemplaires, pour l'usage des correspondants dans les comtés, et pour les journalistes et publicistes, car on ne peut fournir les renseignements utiles que par l'intermédiaire d'une publication imprimée et non directement aux millions de particuliers qu'ils intéressent. L'objet principal des rapports sur l'état des récoltes est de renseigner exactement sur les surfaces ensemencées, sur les conditions et les promesses de la récolte, les producteurs et les consommateurs, de manière à les protéger contre les accaparements et les exigences violentes des spéculateurs en produits agricoles. A cette fin on pose en principe que la vérité toute nue, sans exagération ni atténuation, est ce qui répond le mieux aux intérêts des acheteurs et des producteurs.

La section chargée des rapports sur les récoltes a un correspondant et trois collaborateurs dans chaque comté (on compte actuellement environ 2,400 comtés producteurs). Chaque comté envoie tous les mois un bulletin rédigé sur une formule adoptée par le statisticien.

Comme les principales questions reviennent chaque année dans le même mois, le correspondant sait exactement ce que l'on attend de lui et se prépare en conséquence. De temps en temps une question nouvelle qui lui est posée varie sa besogne. Les recherches ordinaires portent sur l'augmentation ou la diminution des animaux de ferme, la distribution commerciale des produits agricoles, la condition du bétail à la fin de l'hiver, les pertes d'animaux de ferme pendant l'année, la condition du grain d'hiver au printemps, le progrès des plantations de printemps, la surface relative des principales récoltes, la condition des récoltes jusqu'au moment de la maturité, leur rendement à l'acre, et la production de l'année. Ces comparaisons sont établies pour tous les comtés qui ont une sorte d'état civil de production.

Ces rapports arrivent dans les six premiers jours de chaque mois; ils sont classés, on en fait un tout, et, dès le 7 ou le 8, ils sont prêts à subir l'inspection et la revision. Semblables investigations sont entreprises dans chaque Etat sous la direction des agents du département résidant dans l'Etat, et leurs résultats sont prêts vers le même temps à être comparés à ceux envoyés par les correspondants des comtés. Le statisticien met d'accord ces résultats et établit une moyenne générale d'après la moyenne des Etats. En établissant ces moyennes, on obtient la véritable expression des estimations locales par l'application du tant pour cent (de surface, condition ou tout autre sujet de comparaison) à la quantité produite ou à la superficie; on donne ainsi son importance véritable à chaque comté en tant que facteur dans l'estimation totale de l'Etat. Le tableau suivant, qui représente les données sur la condition de la récolte dans cinq comtés de l'Illinois, montre comment les données de chaque comté sont élargies pour « établir une moyenne mathématique », et il met en lumière la différence radicale qui peut se produire entre une « moyenne directe », établie sur un certain nombre de données seulement, et une moyenne exacte :

	Moyens de conditions (pour 100).	Récolte normale (boisseaux).	Condition élargie (boisseaux).
Mac Lean	93	11,976,581	11,737,049
Alexander	65	454,705	305,558
La Salle	100	11,148,779	11,148,779
Hardin	70	306,960	214,872
Massac	67	450,010	301,507
Total	400	24,337,035	23,707,765
Moyenne	80	»	97.4

La moyenne directe, qui est celle dont on se contente d'habitude dans les rapports de l'état des récoltes faits par les particuliers ou publiés dans les journaux, donne dans ce cas une réduction de 20 o/o quand la réduction réelle est seulement de 2,6 o/o.

Chaque mois le département reçoit sur l'état des récoltes européennes, au 1er de chaque mois, un rapport qui lui est adressé par notre agent statistique à Londres, le vice-consul général Edmond J. Moffat; ce rapport est inséré dans le rapport mensuel.

La section des prix de transport réunit les indications des taxes exigées par les Compagnies de transport des États-Unis au 1er de chaque mois et les publie dans les rapports mensuels. Cette section dirige également le travail des agents de la statistique dans chaque État, travail semblable, sur une surface plus limitée, à celui du statisticien, qui résume l'état général de la récolte dans son rapport; leur service comprend aussi des recherches locales spéciales.

Cette division est à la veille d'entreprendre une sorte de relevé général statistique des États et territoires de la vaste région des montagnes Rocheuses, dont la capacité agricole est encore comparativement inconnue; elle exécutera aussi de temps en temps pareil relevé statistique des ressources et des productions des autres États.

Division d'entomologie, C. V. Riley, entomologiste.

L'entomologiste, de concert avec ses collaborateurs et ses agents locaux, consacre son temps à l'étude des mœurs des insectes nuisibles à l'agriculture; il recherche les meilleurs moyens d'arrêter leur ravage et de donner aux cultivateurs les informations désirables sur la destruction des insectes nuisibles. L'importance de ce service est mise en lumière par les statistiques authentiques qui établissent les pertes occasionnées par les insectes. Les estimations les plus sérieuses évaluent à une somme de 150 à 200 millions de francs la perte totale annuelle que font souffrir les ravages des insectes à l'agriculture américaine Bien souvent, la question de savoir s'il sera en bénéfice se réduit pour le fermier à la question de savoir s'il sera en mesure de vaincre les insectes ennemis. Le nombre des insectes l'emporte sur celui des plantes dans la proportion de cinq à un, et on peut dire en toute assurance que l'on connaît trois cent mille espèces, mais qu'il en reste encore à décrire un grand nombre. Une grande partie de ces espèces peuvent être rangées dans la classe des insectes nuisibles. L'importation constante et considérable des nouvelles espèces et les vastes surfaces consacrées à des récoltes spéciales font de l'Amérique un paradis pour les insectes nuisibles. Dans la grande majorité des cas, il faut connaître les mœurs des insectes avant de pouvoir proposer un remède efficace. Les rapports de cette division montrent que bon nombre des insectes sur lesquels les recherches ont porté n'étaient pas classifiés antérieurement comme nuisibles. Cette division a conduit durant les dix dernières années un grand nombre de recherches sur les principaux insectes et sur les insectes affectant certaines récoltes spéciales, et a fourni par correspondance et au moyen de publications un grand nombre de renseignements sur leurs mœurs et les moyens de parer à leurs ravages.

L'année dernière la division a commencé la publication d'un bulletin périodique intitulé « Insect Life » (Vie des insectes) ; on y insère des notes, des rapports sur les recherches entreprises et de courts articles sur des sujets entomologiques qui sont d'un objet trop limité ou trop varié pour pouvoir être insérés dans le rapport annuel ou dans les bulletins spéciaux de cette division. Chaque numéro a compris jusqu'ici deux articles abondamment illustrés ; un détail particulier, c'est l'insertion d'extraits de la correspondance échangée entre la division et les fermiers ainsi que les particuliers.

On peut classer ainsi qu'il suit les attributions de la division :

1. — Correspondance avec les personnes qui désirent obtenir des renseignements sur certains insectes spéciaux et sur l'entomologie appliquée en général.

2. — Soin des insectes envoyés par les correspondants ou par les agents locaux, et étude de leur vie dans la captivité.

3. — Montage et conservation d'échantillons d'insectes utiles et nuisibles.

4. — Etude des mœurs des insectes nuisibles en liberté dans les champs, comprenant expériences avec remèdes.

5. — Préparation de rapports originaux, publication des rapports des agents et préparation des illustrations.

Lorsque le dommage causé par un insecte, spécialement de ceux qui sont actuellement classés parmi les plus nuisibles, est suffisant pour justifier une telle dépense, un entomologiste adjoint ou un agent local est envoyé dans la localité infestée pour étudier les mœurs de l'insecte, rassembler des matériaux pour les recherches instituées au siège du département et faire l'expérience des remèdes proposés par l'entomologiste.

La division a également entretenu une station d'expériences d'apiculture où l'on s'est livré à l'étude de l'élevage des abeilles, de la valeur des diverses variétés, des plantes dont elles se nourrissent, des méthodes d'hivernage, de leurs maladies et des remèdes qu'on y peut opposer.

Section de sériciculture.

Depuis son origine, la division d'entomologie a fait ce qu'elle a pu pour venir en aide à la sériciculture dans le pays par la distribution d'œufs et la diffusion de renseignements exacts. Mais, depuis 1884, les crédits spéciaux alloués par le Congrès pour encourager cette industrie ont permis à la division d'organiser et d'entretenir une section spéciale de sériciculture. Les résultats des expériences entreprises ont été suffisants pour faire souhaiter au pays qu'elles fussent continuées. Dans le budget de cette année, le Congrès a alloué 100,000 francs pour permettre de réunir et de répandre les informations utiles relatives à la sériciculture, pour acheter et distribuer des œufs de vers à soie et pour instituer quelque part, dans le district de Colombie, des expériences avec des machines automatiques pour dévider la soie du cocon. L'argent que donne la vente de la soie dévidée et des rebuts provenant des expériences sera aussi employé à payer les dépenses qu'entraîneront les expériences. En outre, 37,500 francs seront dépensés sous la direction de l'Association de sériciculture des femmes des États-Unis, ayant son siège à Philadelphie, et de la Société de sériciculture des Dames de Californie pour l'encouragement et le développement de la culture de la soie brute, et une somme de 12,500 fr. sera consacrée à assurer la continuation des études et des expériences entreprises par Joseph Neumann sur le ver à soie indigène de la Californie.

Division de Chimie, Harvey M. Wiley, chimiste.

La division de chimie fait les recherches chimiques qui peuvent servir à l'agriculture en aidant à l'établissement d'industries nouvelles pouvant utiliser les produits de la culture et en empêchant la sophistication des engrais, aliments, spiritueux, matières de droguerie, etc. Parmi ses récentes recherches, on peut citer celles entreprises sur les produits de laiterie et les matières avec lesquelles on a essayé de remplacer le beurre, sur la graisse et ses falsifications, sur la sophistication du café, du thé, du chocolat, des épices et des condiments, sur la composition et la valeur de la « baking powder » (poudre levain) et des produits chimiques utilisés dans les boulangeries, sur les engrais de commerce, sur les vins, sur les boissons brassées et fermentées et sur les cidres. L'étude la plus importante qui ait été confiée à cette division a été celle relative aux procédés par lesquels on peut faire du sucre de sorghum. Le résultat des expériences instituées a été non seulement de prouver la possibilité de faire du sucre de sorghum à un prix profitable par l'emploi du procédé de « diffusion », mais encore d'accomplir très probablement une révolution dans les procédés employés pour produire le sucre de canne. La division s'efforça, autant que possible, d'essayer de nouvelles méthodes d'analyse chimique dans la chimie agricole et d'adopter celles qui sont reconnues dignes d'être recommandées aux chimistes agricoles du pays.

Division de Botanique, George Vasey, botaniste.

Cette division s'occupe de recherches concernant les productions végétales du pays, spécialement celles qui intéressent l'économie agricole, celles qui sont l'objet de culture ou servent aux pâturages, et celles qui méritent d'attirer l'attention, soit parce qu'elles entravent le travail du fermier et de l'éleveur, soit à cause de leurs propriétés nuisibles. La division a en outre pour mission de veiller sur les collections botaniques, l'herbier et le musée du département, d'en conserver et d'en accroître les richesses; d'entretenir la correspondance qui lui est confiée et de préparer les articles qui sont insérés dans les rapports annuels et spéciaux. La division est subdivisée en deux sections, botanique et pathologie végétale.

Le résumé suivant, rédigé d'après le dernier rapport publié par le département, servira à indiquer le genre de travail scientifique que poursuit la section de botanique :

1. — Recherches sur les herbes des districts arides de l'Ouest et du Sud-Ouest, en particulier du Texas, du Nouveau-Mexique, de l'Arizona, du Nevada et de l'Utah. On a étudié environ deux cents espèces d'herbes dans les localités et sur des terrains différents, et on a choisi une trentaine de ces espèces comme méritant d'attirer l'attention et d'être expérimentées comme objet de culture. On a publié un bulletin sur ces recherches, on y a joint des illustrations et des descriptions des variétés les plus importantes.

2. — L'attention du département a été appelée sur plusieurs plantes fourragères nouvelles et intéressantes dont la culture, dans certaines localités spéciales, semble pleine de promesses. Une de ces plantes est la plante fourragère européenne connue sous le nom de sainfoin (*Onobrychis sativa*), dont on a beaucoup parlé récemment en Californie et dans le Nevada, comme pouvant rendre de grands services quand on la cultive sur des collines sèches ou sur les pentes montagneuses.

On a préparé aussi un article sur le teosinte, une plante fourragère que l'abondance de ses feuilles rend très précieuse pour l'engraissage et la conservation dans les silos, partout où le climat lui permet d'atteindre son plein développement.

3. — On a décrit certaines mauvaises herbes communes et les meilleurs systèmes d'extirpation, ainsi que la culture de la menthe poivrée, en vue de son utilisation en médecine et en pharmacie.

4. — On a publié des articles suggestifs sur la « cross fertilization and pollenization », en vue de provoquer de nouvelles recherches et investigations.

Section de pathologie végétale.

Cette section a été établie le 1er juillet 1886 pour instituer des recherches sur les maladies fongueuses des plantes cultivées et des expériences destinées à enseigner des remèdes appropriés et efficaces à ces maladies. La section publie les résultats de ses recherches et de ses expériences et répond dans les limites de ses attributions aux demandes de ses correspondants. Elle fait aussi des collections et des préparations microscopiques de fongus américains et étrangers ayant un intérêt pratique pour l'économie agricole. Son dernier rapport publié contenait des descriptions abondamment illustrées des maladies de la vigne, de la nielle et de la pourriture de la pomme de terre, de la brouissure de la feuille de la fraise, de la gale de la pomme, de la pourriture amère de la pomme, de la pourriture de la betterave, de la feuille du cerisier, du pêcher, du prunier, du cotonnier, de l'antracnose du framboisier, du mûrier, du haricot, du charbon et de la nielle du maïs, etc.

Division de pomologie, H. E. Van Deman, pomologiste.

Cette division a été établie le 1er août 1886; elle a pour attributions la réunion et la publication de renseignements sur les fruits qui viennent dans ce pays et l'étude des fruits étrangers et des fruits nouveaux produits aux États-Unis, en vue d'encourager la culture et l'usage général. Des illustrations en couleurs et en photographie sont publiées et représentent les variétés les plus importantes qui sont reçues; elles reproduisent la grandeur naturelle, la forme et la couleur à la fois de l'extérieur et de l'intérieur du fruit avec les feuilles et les brindilles caractéristiques de chacun. On garde ces illustrations pour comparaison et référence et on en réimprime une partie dans les publications du département. On fait aussi un travail microscopique considérable pour la solution des questions complètes dont s'occupe la pomologie, spécialement de celles qui concernent la production de nouvelles variétés de fruits. On a pris un vif intérêt récemment, aux États-Unis, à la culture des arbres fruitiers, et on commence à comprendre qu'on pourra cultiver avec succès une variété bien plus grande d'espèces différentes dans la diversité si remarquable de climats et de terrains que comprend notre territoire. Pour cette raison, la correspondance entretenue par cette division s'est accrue rapidement et d'une manière continue en volume et en importance.

Division d'ornithologie et de mammologie, C. Hart Merriam, ornithologiste.

C'est le 1er juillet 1885 que le service ornithologique du département a commencé à fonctionner en relation avec la division d'entomologie. La division d'ornithologie et de mammologie a été établie le 1er juillet 1886. Elle a pour mission de rechercher les habitudes d'alimentation, la distribution et la migration des oiseaux et des mammifères de l'Amérique du Nord en ce qu'elles peuvent avoir d'intéressant pour l'agriculture, l'horticulture et la culture forestière. Les attributions régulières de la division consistent dans la réunion de faits relatifs aux sujets précédents et dans la rédaction de rapports et de bulletins, destinés aux fermiers et au public, sur les oiseaux et les mammifères qui intéressent le fermier, et aussi sur les migrations et la distribution des espèces américaines.

Dès le début des recherches sur les habitudes d'alimentation des espèces diverses, on reconnut que l'étude des mœurs d'un oiseau en liberté doit être complétée par l'examen critique du contenu de son estomac dans le laboratoire. Dans ce but, on a réuni une collection de jabots, œsophages et gésiers d'oiseaux; cette collection comprend aujourd'hui plus de 10,000 échantillons. Les insectes recueillis au fur et à mesure que l'on réunissait cette collection ont été remis à l'entomologiste chargé de les déterminer; le reste des matières recueillies a été identifié par l'ornithologiste et ses collaborateurs.

Le travail de la division a été considérablement facilité par le concours de l'Union des Ornithologistes américains, qui a remis à la direction une quantité considérable de matériaux réunis par un corps nombreux d'observateurs expérimentés.

Dans la poursuite de ses recherches, la division envoie des circulaires soigneusement rédigées aux secrétaires des sociétés agricoles et horticoles, à la presse agricole et à un grand nombre de fermiers et d'ornithologistes des États-Unis. Une seule circulaire amène ainsi des réponses de trois ou quatre mille observateurs. Ces réponses sont collationnées, disposées en forme de tableaux synoptiques, puis publiées dans un bulletin. Les bulletins les plus importants qui aient été publiés jusqu'ici ont été ceux qui traitent du moineau anglais et de la migration des oiseaux dans la vallée du Mississippi. On dispose maintenant d'une quantité considérable de matériaux qu'on est en train d'élaborer. L'enquête concernant les habitudes d'alimentation du corbeau a amené la réunion d'une masse considérable d'informations très intéressantes qui seront publiées dès que les recherches seront terminées. L'étendue du travail auquel se livre la division sur un seul sujet ressortira de la brève analyse du bulletin publié sur le moineau anglais. L'introduction contient un résumé des faits principaux mis en lumière par l'enquête et des déductions qu'on en peut tirer; on y a joint quelques suggestions à l'adresse des corps élus et du public en ce qui concerne les meilleures méthodes à suivre pour arrê er les ravages de ce fléau. Suit une quantité de renseignements répartis entre sept chapitres :

(1.) — Epoque où est apparu le moineau anglais; en quelle quantité il existe actuellement, et son taux apparent d'accroissement; genre digne d'aide et de protection qui lui est accordée ou refusée par l'homme.

(2.) — Rapports entre le moineau et les autres oiseaux.

(3.) — Tort qu'il fait aux arbres et à la vigne.

(4.) — Tort qu'il fait aux fruits et aux légumes de jardin.

(5.) — Tort qu'il fait aux grains.

(6.) — Rapports entre le moineau et les insectes nuisibles ou autres.

(7.) — Meilleurs systèmes pour restreindre son envahissement; propositions faites pour son extermination. Renseignements divers.

Division de microscopie, Thomas Taylor, microscopiste.

Le travail de cette division varie beaucoup d'une année à l'autre selon qu'elle passe de l'étude microscopique d'une substance à l'étude d'une autre. La direction particulière de ses études est souvent déterminée par les exigences immédiates de l'intérêt public. Quelques exemples mettront bien en lumière le caractère général du travail qui s'accomplit dans cette division. L'invention de l'oléomargarine et des autres produits employés pour remplacer le beurre, et la vente en fraude de ces matières ont donné lieu à des lois restrictives pour protéger les producteurs de laiterie et le public en général. Il est évident qu'il est très désirable d'avoir sous la main un moyen d'une exactitude certaine de découvrir ces produits, qui se substituent au beurre. La division institua donc des recherches relatives à la cristallographie du beurre, de l'oléomargarine et de la butterine, et, comme termes de comparaison, de la graisse d'animaux sauvages et domestiques. Le résultat a été la découverte d'un moyen pratique d'empêcher la fraude. Ces études en ont amené d'autres dans la même direction pour distinguer les beurres des différentes races laitières, et pour trouver le moyen de découvrir les falsifications des graissses employées dans les préparations médicinales et dans les arts et manufactures.

A une époque la division a opéré des recherches étendues sur les fungus nuisibles, et elle a préparé pour l'exposition de la Nouvelle-Orléans une exposition considérable de dessins à l'aquarelle représentant les résultats de ses recherches. Cette exposition comprend plus d'un millier des principales espèces mycologiques dont les plantes vivantes sont la la proie ou dont souffre la croissance naturelle de ces plantes, elle comprend aussi des reproductions des champignons comestibles et vénéneux des États-Unis. Cette collection est maintenant exposée d'une manière permanente à Washington.

Actuellement la division s'occupe de recherches sur la sophistication des condiments du commerce et d'autres produits alimentaires. On fait aussi des expériences sur la force tensile relative des fibres textiles.

Pour faciliter l'exactitude des recherches de la division, le chef de la division a inventé plusieurs nouveaux instruments d'investigations, dont les photographies et les modèles seront exposés à la prochaine exposition de Paris. L'exposition de la division à l'Exposition de Paris consiste en 273 microphotographies représentant les diverses formations cristallines des beurres et d'autres matières grasses; 167 sont des photographies de beurre, et 106 des photographies des cristaux des autres matières grasses, y compris la cire et la stéarine d'huile de graine de coton.

Division des forêts, B. E. Fernow, chef.

Les attributions de cette division comprennent la réunion de renseignements sur des sujets forestiers destinés à être publiés et la réponse à toutes les demandes d'informations particulières sur cette matière. La division essaie, dans la mesure où ses moyens limités le lui permettent, non seulement de satisfaire aux besoins de ceux qui étudient les problèmes forestiers et des propriétaires de forêts, mais encore d'aider à éclairer les habitants de ce pays sur l'importance qu'il y a à économiser et à accroître les ressources forestières de la nation. Malheureusement le pays n'est pas encore complètement édifié sur l'importance de cette question, et le gouvernement national ne dépense annuellement que 50,000 francs pour les expériences, investigations et rapports sur les forêts et pour l'achat et la distribution de graines et de plantes d'essences forestières précieuses et économiques. Dans les deux dernières années, la division a publié des rapports sur les relations entre le gouvernement et la question des forêts, sur les relations entre les voies ferrées et les forêts, et sur la condition orestière des montagnes Rocheuses, en outre des rapports annuels et de circulaires de moindre étendue.

Les recherches qui ont surtout absorbé la division pendant l'année écoulée ont été dirigées dans deux sens: études biologiques relatives à l'histoire de nos plus importants conifères et aux divers systèmes qui doivent présider à la culture des diverses essences, et recherches techniques sur la nature de la récolte et les conditions qui influent sur sa qualité.

Le public demande de plus en plus à s'instruire des faits concernant les questions forestières dans des réunions publiques, et le chef de la division a assisté à nombre de réunions semblables. En se mettant en contact avec les auditeurs, en échangeant ses impressions avec eux, il a essayé de les pénétrer du but de cette science économique dont la connaissance et la juste estime des services qu'elle peut rendre sont d'année en année plus nécessaires.

Division des semences, William M. King, chef.

Le premier crédit régulier alloué pour la distribution de semences en vue d'expériences fut un crédit de 5,000 francs (accordé le 3 mars 1839). On estimait alors cette somme suffisante pour permettre « de réunir et distribuer des semences et poursuivre des recherches agricoles ». La somme moyenne dépensée annuellement pendant les quatorze premières années à partir de l'allocation du premier crédit ne dépassa pas 15,000 francs. En 1854, le crédit alloué pour le même objet était de 175,000 francs; ce crédit a été graduellement accru, et maintenant, et depuis de longues années, l'allocation pour la distribution de semences, plantes, betteraves, etc., est de 500,000 fr. par an. Le poids moyen des semences qu'a envoyées le département par la poste a été dans les cinq dernières années, jusqu'au 30 juin 1888, de 200,000 kilogrammes ou 200 tonnes.

Le premier objet de la distribution des semences est d'augmenter la valeur de la production, de faire naître de nouvelles industries, d'établir des principes en ce qui concerne les influences climatériques sur les espèces de semences, et, de ces principes, de déduire les faits qui indiquent le plus clairement la meilleure distribution géographique des variétés; enfin, d'introduire plus rapidement les meilleures variétés de semences ou de plantes de ferme et de jardin dans les États et les territoires nouveaux.

La division reçoit les semences achetées à des marchands et à des cultivateurs recommandables des États-Unis et des pays étrangers, dont elle garde une liste correcte et dûment classifiée. Elle éprouve d'une manière approfondie les qualités de germination de ces graines et les examine soigneusement pour s'assurer si elles sont exemptes de plantes parasites dommageables, d'œufs ou de larves d'insectes nuisibles, avant d'en payer la valeur. Puis elle les emmagasine systématiquement. Elle reçoit et conserve tous les objets divers qui sont nécessaires pour l'expédition et la distribution des semences. Elle estime le nombre de sacs de papier et de coton nécessaires pour contenir chaque variété. Elle prépare les étiquettes où on inscrit le nom de la semence, et, quand il est nécessaire, des avis sur la semence et la culture de la graine. Elle répartit les graines en quantités qui en facilitent la distribution, prépare de nombreux paquets des diverses espèces de semences pour exécuter, selon les ordres du secrétaire de l'agriculture, les commandes adressées par les sénateurs, représentants ou délégués au Congrès pour le compte de leurs électeurs, ce qui prend à peu près les deux tiers du total des semences ainsi préparées; elle indique les sommes exigées et met l'adresse sur les paquets. Elle envoie le surplus des semences aux 4,200 agents statistiques du département dans les États et les comtés, et aux personnes vivant dans des pays étrangers qui désirent échanger des semences avec ce pays. Elle tient des registres où l'on inscrit les entrées de toutes les semences reçues et distribuées, sauf de celles données aux membres du Congrès. Elle condense, classifie et conserve pour référence future les rapports envoyés par ceux à qui les semences ont été expédiées. Elle dresse à la fin de l'année fiscale, le 30 juin, un compte rendu alphabétique qui donne en entier les quantités, espèces et variétés de semences reçues par le bureau durant l'année, et qui contient un tableau indiquant la distribution des semences pendant la même période. Enfin, elle accomplit tout le travail utile et efficace qui peut justifier son existence.

La direction de la division des semences s'applique à faire des distributions de semences qui puissent améliorer les variétés anciennes et bien connues et en introduire de nouvelles, capables, moyennant les soins et la culture voulus, de favoriser les intérêts agricoles de la nation. Dans l'accomplissement de cette tâche, elle n'a pas tenu compte seulement de la formation géologique des districts ou cantons où les semences sont expédiées, mais aussi de leur altitude et de leurs conditions isothermales et hydrométriques. C'est un principe fixe commandant la distribution générale de semences par le département de l'agriculture que de favoriser la dissémination du plus grand nombre possible de variétés sur la plus grande surface possible, en vue de déterminer, aussi rapidement que faire se peut, leur faculté d'adaptation et leur inadaptabilité à chaque localité des États-Unis.

Division des jardins et des terrains, William Saunders, horticulteur et directeur.

La surface du terrain occupé par le département est d'environ 35 acres. Une grande partie de cette surface est distribuée en jardins d'ornement, avec arbres, arbustes, pelouses, routes et chemins. Les arbres et les arbustes sont disposés selon leur classification botanique, en respectant les lois de la perspective des jardins. Les serres s'étendent sur une longueur de 200 mètres et recouvrent près de trois quarts d'un acre. On y conserve une quantité considérable de plantes utiles; on s'en sert en outre pour la reproduction et la culture de plantes destinées à être distribuées partout ou dans quelques localités particulières appropriées à leur culture. Parmi les plantes que l'on cultive ainsi pour les distribuer sont des vignes, des fraisiers, des arbres à thé, des camphriers, des oliviers, des palmiers-dattiers, des orangers, des citronniers, des manguiers, des ananas, des goyaviers, des figuiers, etc. On reproduit chaque année environ 20,000 plantes d'ornement pour le département, et environ 75,000 pour être distribuées. Les plantes sont expédiées surtout par la poste.

Le directeur de cette division remplit à la fois les fonctions de dessinateur des jardins, d'architecte et d'horticulteur; il donne son avis sur l'introduction des plantes étrangères utiles qui pourraient être adoptées avec succès dans ce pays, et il entretient une correspondance étendue, en réponse aux questions qui lui sont posées sur la culture des arbres à fruit et d'autres plantes utiles.

PAR ANNÉE L'ARRANGEMENT DES COURS

MASSACHUSETTS *Collège agricole.*	NEW-YORK *Université Cornell.*	PENSYLVANIE *Collège de l'État.*	CAROLINE DU SUD *Collège d'agriculture et des arts mécaniques.*	ALABAMA *Collège agricole.*	MISSISSIPPI *Collège agricole.*	KANSAS *Collège agricole.*	ILLINOIS *Collège d'agriculture de l'Université d'Illinois.*	MICHIGAN *Collège agricole.*	CALIFORNIE *Collège d'agriculture de l'Université de Californie.*
				PREMIÈRE	ANNÉE				
Agriculture. Chimie. Métallurgie. Minéralogie. Algèbre. Géométrie. Latin. Anglais. Dessin. Tactique militaire.	Mathématiques Français ou allemand. Anglais. Dessin. Tactique militaire.	Horticulture. Physiologie. Algèbre. Géométrie. Trigonométrie. Allemand. Rhétorique. Histoire. Dessin. Arts mécaniques. Tactique militaire.	Agriculture. Mathématiques Français ou allemand. Anglais. Dessin. Technologie mécanique. Travail du bois.	Agriculture. Physique. Physiologie. Algèbre. Géométrie. Anglais. Histoire. Dessin. Arts mécaniques. Tactique militaire.	Agriculture. Horticulture. Philosophie naturelle. Algèbre. Géométrie. Anglais. Histoire d'Angleterre. Dessin. Tenue des livres.	Botanique. Algèbre. Arithmétique. Anglais. Histoire des États-Unis. Dessin. Tenue des livres. Menuiserie.	Agriculture. Chimie. Entomologie. Trigonométrie. Auteurs américains et angl. Dessin. Travail d'atelier.	Agriculture. Botanique. Algèbre. Géométrie. Elocution. Anglais. Rhétorique. Histoire ancienne. Dessin.	Chimie. Algèbre. Géométrie. Trigonométrie. Géométrie analytique. Français ou allemand. Anglais.
				SECONDE	ANNÉE				
Agriculture. Horticulture. Botanique. Géologie. Physiologie. Anatomie. Trigonométrie. Arpentage. Levé des plans. Français. Anglais. Dessin de machines. Tactique militaire.	Zoologie. Botanique. Physique. Physiologie. Psychologie. Logique. Anglais. Méthode anatomique et microscopique.	Chimie. Botanique. Géométrie analytique. Calcul. Levé des plans. Français. Allemand. Histoire. Arts mécaniques.	Agriculture. Chimie. Botanique. Physique. Mathématiques Français ou allemand. Anglais.	Agriculture. Chimie. Botanique. Arpentage. Géométrie. Trigonométrie. Levé des plans. Anglais. Histoire. Dessin. Arts mécaniques. Tactique militaire.	Agriculture. Chimie. Géométrie. Trigonométrie. Levé des plans. Rhétorique et composition. Essais et élocution. Dessin de machines.	Agriculture. Horticulture. Chimie. Minéralogie. Entomologie. Géométrie. Algèbre. Science militaire.	Chimie générale et agricole Botanique. Zoologie. Physiologie végétale. Allemand.	Agriculture. Horticulture. Chimie. Botanique. Algèbre. Trigonométrie. Levé des plans. Rhétorique. Philosophie morale. Mécanique.	Chimie. Botanique. Physique. Géométrie. Français ou allemand. Anglais. Dessins d'utilité.

	MASSACHUSETTS *Collège agricole.*	NEW-YORK *Université Cornell.*	PENSYLVANIE *Collège de l'État.*	CAROLINE DU SUD *Collège d'agriculture et des arts mécaniques.*	ALABAMA *Collège agricole.*	MISSISSIPPI *Collège agricole.*	KANSAS *Collège agricole.*	ILLINOIS *Collège d'agriculture de l'Université d'Illinois.*	MICHIGAN *Collège agricole.*	CALIFORNIE *Collège d'agriculture de l'Université de Californie.*
TROISIÈME ANNÉE	Agriculture. Chimie. Physique. Botanique. Zoologie. Entomologie. Anglais. Littérat. angl. Rhétorique. Mécanique. Tactique milit.	Chimie. Botanique. Anatomie. Microscopie. Au choix l'agriculture, l'horticulture et les sciences naturelles. Tactique milit.	Agriculture. Chimie agricole Physique. Botanique. Zoologie. Entomologie. Minéralogie. Art de l'ingénieur. Logique. Science ment.	Agriculture. Chimie. Botanique. Zoologie. Entomologie. Physiologie. Science vétér. Levé des plans.	Agriculture. Chimie industrielle. Physique. Histoire naturelle. Anglais. Tactique milit.	Horticulture. Chimie. Chimie agricole Botanique. Entomologie. Anatomie. Physiologie. Science vétér. Géomét. anal. Littérat. angl. Hist. générale. Essais et élocut. Dessin. Tactique milit.	Chimie agricole Physique. Anatomie. Physiologie. Art de l'ingénieur civil. Levé des plans. Trigonométrie. Littérat. angl. Rhétorique. Hist. générale. Dessin. Mécanique. Travail indust.	Agriculture. Horticulture. Phys. ou géolog. Anatomie. Physiologie. Science vétér. Génie et architecture agric. Allemand.	Horticulture. Chimie. Chimie agricole Entomologie. Anatomie. Physiologie. Littérat. angl. Logique. Mécanique.	Chimie. Chimie agricole Zoologie. Entomologie. Minéralogie. Levée des plans Franç. ou allem. Anglais. Histoire. Econom. polit.
QUATRIÈME ANNÉE	Agriculture. Chimie. Science vétér. Anat. compar. Géologie. Météorologie. Anglais. Science ment. Econom. polit. Hist. constitut. Législat. intér. les fermes. Science milit.	Au choix l'agriculture, l'horticulture, et les sciences naturelles. Science milit.	Agriculture. Horticulture. Science vétér. Anatomie. Dissection. Géologie. Littérat. angl. Science morale. Loi constitut. Hist. de l'agric. Economie de la ferme. Science milit.	Chimie agricole Science vétér. Géologie. Minéralogie. Météorologie. Anglais. Econom. polit.	Agriculture. Chimie agricole Physique. Hist. naturelle. Astronomie. Littérat. angl. Science ment. et morale. Econom. polit. Science milit.	Agriculture. Chimie agricole Physique. Génie civil. Géologie. Botanique. Zoologie. Astronomie. Littérature. Science morale. Econom. polit. Loi constitut. Essais et élocut. Science milit.	Agriculture. Physique. Science vétér. Géologie. Botanique Zoologie. Météorologie. Psychologie. Econom. polit. Constitut. des Etats-Unis Travail indust.	Physiographie. Science ment. Logique. Econom. polit. Hist. de l'agric. Hist. de la civil. Hist. constitut. Econom rurale Législat. rurale Trav. de laborat.	Au choix l'agricult., l'hortic., la chimie et la physique Science vétér. Génie agr. et civ. Géologie. Bot. science for. Zoologie. Météorologie. Littérat. angl. Psychologie. Econom. polit. Constitut. des Etats-Unis	Agriculture. Horticulture. Chimie. Physique. Géologie. Minéralogie. Astronomie. Histoire. Econom. polit.

Crédits alloués au département de l'agriculture pour l'année fiscale expirant le 30 juin 1890.

	Traitements.	Dépenses diverses.	Total.
Bureaux du secrétaire . . .	415,300		415,300 fr.
Division de botanique . . .	52,500	175,000	227,500
— de pomologie . . .	17,500	20,000	37,500
— de microscopie . .	18,500	5,000	23,500
— de chimie	59,500	55,000	114,500
— d'entomologie . .	36,500	150,000	186,500
— d'ornithologie et mammologie . .	40,300	35,000	75,300
Jardins d'expériences et terrains	12,500	133,200	145,700
Musée	15,600	5,000	20,600
Division des semences . . .	42,200	500,000	542,200
Division de statistique. . .	172,500	375,000	547,500
Division des forêts	10,000	40,000	50,000
Bureau des industries animales			2,075,000
Imprimerie du département			21,000
Livres, etc., pour la bibliothèque			10,000
Mobilier, etc., et réparations			36,750
Frais de poste.			20,000
Dépenses imprévues.			75,000
Expériences sur la fabrication du sucre de sorghum et de betterave			125,000
Expériences de sériciculture (division entomologique).			100,000
Stations d'expériences			2,925,000
Bureau des stations d'expériences			75,000
			8,348,850 fr.

TABLE CHRONOLOGIQUE DE L'ORGANISATION D'EXPÉRIENCES DES ÉTATS-UNIS

La table suivante est établie d'après les données recueillies par le Bureau jusqu'à ce jour. A moins d'indication contraire la réorganisation des stations à laquelle il est fait allusion dans cette table est celle qui a eu lieu conformément à l'acte législatif du 2 mars 1887.

ÉTATS	NOM DE LA STATION	DATE d'organisation
Conn . . .	Connecticut Agricultural Experiment Station . . .	Oct. 1,1875
Cal.	Agricultural Experiment Station of University of California	» —,1876
N. C.. . . .	North Carolina Agricultural Experiment Station . .	Mar. 12,1877
N. Y.. . . .	Cornell University Agricultural Experiment Station .	Feb. —,1879
N. J.	New Jersey State Agricultural Experiment Station .	Mar. 18,1880
N. Y.. . . .	New York Agricultural Experiment Station	Mar. 1,1882
Ohio	Ohio Agricultural Experiment Station.	Apr. 25,1882
Tenn. . . .	Tennessee Agricultural Experiment Station	June 8,1882
Mass.. . . .	Massachusetts State Agricultural Experiment Station	July —,1882
Ala	Agricultural Experiment Station of the Agricultural and Mechanical College of Alabama	June —,1883
Wis.	Agricultural Experiment Station of University of Wisconsin	Oct. 1,1883
Me	Maine State College Agricultural Experiment Station.	Mar. 3,1885
Ky	Kentucky Agricultural Experiment Station	Sept. —,1885
Ala	Canebrake Agricultural Experiment Station. . . .	» —,1885
La	Sugar Experiment Station, N° 1	Oct. —,1885
La	State Experiment Station, N° 2	Jan. —,1886
Vt	Vermont State Agricultural Experiment Station . .	Dec. —,1886
Pa	Pennsylvania State College Agricultural Experiment Station	June 30,1887
Nebr.. . . .	Agricultural Experiment Station of Nebraska . . .	July 1,1887
Ind.	Agricultural Experiment Station of Indiana	July 1,1887
S. C.. . . .	South Carolina Agricultural Experiment Station . .	Jan. —,1888
Nev.	Nevada State Agricultural Station	Jan. 2,1888
Mo..	Missouri Agricultural Experiment Station.	Jan. 2,1888
Tex.	Texas Agricultural Experiment Station	Jan. 25,1888
Miss.. . . .	Mississippi Agricultural Experiment Station	Feb. 1,1888
Kans	Kansas Agricultural Experiment Station	Feb. 8,1888
Iowa	Iowa Agricultural Experiment Station	Feb. 17,1888
Colo.. . . .	Agricultural Experiment Station of Colorado . . .	Feb. 21,1888
Mich.. . . .	Experiment Station of Michigan Agricultural College.	Feb. 21,1888
Oregon. . .	Oregon Experiment Station.	Mar. —,1888
Mass.. . . .	Hatch Experiment Station of Massachusetts Agricultural College	Mar. 2,1888
Md..	Maryland Agricultural Experiment Station	Mar. 9,1888
R. I.	Rhode Island State Agricultural Experiment Station.	Mar. 23,1888
Conn. . . .	Storrs School Agricultural Experiment Station . . .	Mar. 29,1888
Ill.	Agricultural Experiment Station of University of Illinois	Apr. 1,1888
La..	North Louisiana Experiment Station, N° 3	Apr. —,1888
Va..	Virginia Agricultural Experiment Station.	May —,1888
Del.	Delaware College Agricultural Experiment Station .	May —,1888
Ark.	Arkansas Agricultural Experiment Station	» —,1888
Dak.	Dakota Agricultural Experiment Station	» —,1888
Fla..	Agricultural Experiment Station of Florida	» —,1888
Ga..	Georgia Agricultural Experiment Station.	» —,1888
Minn. . . .	Agricultural Experiment Station of University of Minnesota	» —,1888
N. H.. . . .	New Hampshire Agricultural Experiment Station. .	» —,1888
N. J.	New Jersey Agricultural College Experiment Station.	» —,1888
W. Va. . .	West Virginia Experiment Station	» —,1888

NOMBRE D'EMPLOYÉS TRAVAILLANT DANS LES STATIONS ET REVENUS DES STATIONS D'EXPÉRIENCES DES ÉTATS-UNIS

Le Tableau suivant est dressé d'après les renseignements fournis au Bureau par les stations jusqu'à la date où nous écrivons.

Tableau indiquant le nombre de personnes que comprend le service des stations d'expériences des Etats-Unis et les revenus de ces stations pour l'année fiscale finissant au 30 juin 1889 (revenus provenant du gouvernement central, conformément à l'acte législatif du 2 mars 1887, des Etats-Unis et d'autres sources).

ÉTATS	NOMS DES STATIONS	Nombre d'employés.	REVENU ANNUEL exprimé en dollars.		TOTAL
			Du gouvernement des États-Unis	D'autres sources.	
Alabama . .	Agricultural Experiment Station of the Agricultural and Mechanical College of Alabama	10	13.000	10.000	23.000
Alabama . .	Canebrake Agricultural Experiment Station	2	2.000	2.500	4.500
Arkansas .	Arkansas Agricultural Experiment Station.	10	15.000	....	15.000
California . .	Agricultural Experiment Station of University of California	16	15.000	13.000	28.000
Colorado	Agricultural Experiment Station of Colorado	12	15.000	....	15.000
Connecticut . .	Connecticut Agricultural Experiment Station	9	7.500	8.000 3.100	18.600
Connecticut .	Storrs School Agricultural Experiment Station . . .	5	7.500	.....	7.500
Dakota	Dakota Agricultural Experiment Station	11	15.000	....	15.000
Delaware .	Delaware College Agricultural Experiment Station.	5	15.000	....	15.000
Florida . .	Agricultural Experiment Station of Florida	...	15.000	......	15.000
Georgia. .	Georgia Agricultural Experiment Station.	7	15.000	......	15.000
Illinois	Agricultural Experiment Station of University of Illinois	9	15.000	....	15.000
Indiana. . . .	Agricultural Experiment Station of Indiana	9	15.000	2.000	17.000
Iowa. . . .	Iowa Agricultural Experiment Station	11	15.000	.....	15.000
Kansas	Kansas Agricultural Experiment Station	12	15.000	.....	15.000
Kentucky . .	Kentucky Agricultural Experiment Station.	8	15.000	1.500	16.500
Louisiana . . .	Sugar Experiment Station No 1	7	5.000	2.000 10.000 1.400	18.400
Louisiana . . .	State Experiment Station No 2	4	5.000	2.000 1.400	8.400
Louisiana . . .	North Louisiana Experiment Station, No 3	2	5.000	2.000 5.000	12.000
Maine	Maine State College Agricultural Experiment Station.	10	15.000	....	15.000
Maryland . . .	Maryland Agricultural Experiment Station. . . .	6	15.000	.....	15.000
Massachusetts .	Massachusetts State Agricultural Experiment Station.	7	......	10.000	10.000

ÉTATS	NOMS DES STATIONS	Nombre d'employés.	REVENU ANNUEL exprimé en dollars.		TOTAL
			Du gouvernement des États-Unis	D'autres sources.	
Massachusetts	Hatch Experiment Station of Massachusetts Agricultural College	8	15.000	......	15.000
Michigan	Experiment Station of Michigan Agricultural College	18	15.000	......	15,000
Minnesota	Agricultural Experiment Station of University of Minnesota	12	15.000	......	15.000
Mississippi	Mississippi Agricultural Experiment Station	10	15.000	......	15.000
Missouri	Missouri Agricultural College Experiment Station	9	15.000	......	15,000
Nebraska	Agricultural Experiment Station of Nebraska	9	15.000	......	15.000
Nevada	Nevada State Agricultural Station	5	15.000	......	15.000
New Hampshire	New Hampshire Agricultural Experiment Station	9	15.000	......	15.000
New Jersey	New Jersey State Agricultural Experiment Station	5	....	11.000	11.000
New Jersey	New Jersey Agricultural College Experiment Station	5	15.000	......	15.000
New York	New York Agricultural Experiment Station	7	....	20.000	20.000
New York	Cornell University Agricultural Experiment Station	13	15.000	......	15.000
North Carolina	North Carolina Agricultural Experiment Station	9	15.000	2.200	17,200
Ohio	Ohio Agricultural Experiment Station	7	15.000	......	15.000
Oregon	Oregon Experiment Station	3	15.000	......	15.000
Pennsylvania	Pennsylvania State College Agricultural Experiment Station	10	15.000	3.000	18.000
Rhode Island	Rhode Island State Agricultural Experiment Station	4	15.000	......	15.000
South Carolina	South Carolina Agricultural Experiment Station	13	15.000	5.000	20.000
Tennessee	Tennessee Agricultural Experiment Station	7	15.000	800	15.800
Texas	Texas Agricultural Experiment Station	11	15.000	......	15.000
Vermont	Vermont State Agricultural Experiment Station	8	15.000	3.500 1.000	19.500
Virginia	Virginia Agricultural Experiment Station	5	15.000	......	15.000
West Virginia	West Virginia Experiment Station	5	15.000	......	15.000
Wisconsin	Agricultural Experiment Station of University of Wisconsin	8	15.000	4.000 1.000	20.000
	Total	369	585.000	125.400	710.400
District Columbia	United States Department of Agriculture, Office of Experiment Stations	....	10.000	......	10.000
	Grand total	...	595.000	125.400	720.400

CATALOGUE DE L'EXPOSITION

L'exposition de cette section consiste en photographies, plans et cartes reproduisant les terrains, bâtiments, musées, appareils, bibliothèques, bétail, etc., d'un grand nombre de collèges agricoles et de stations d'expériences de différents États.

Station d'expériences agricoles du collège agricole et mécanique de l'Alabama, 18 photographies et une gravure sur bois; Université industrielle de l'Arkansas, 2 photographies; collège agricole de l'État du Colorado, 5 photographies; Université « Wesleyan », Middletown, Connecticut, 3 photographies; école agricole et station d'expériences de Storrs, à Storrs, Connecticut, 7 photographies; collège et station d'expériences du Delaware, 2 photographies; station d'expériences et Université de l'Illinois, 26 photographies; Université Purdue et station d'expériences Lafayette, Indiana, 6 photographies, 5 gravures et un sommaire de l'exposition industrielle; collège agricole de l'État du Kansas, 24 photographies et une carte; collège d'agriculture et d'arts mécaniques de l'État du Maine, 6 photographies; collège agricole et station d'expériences du Massachusetts, 14 photographies et 6 gravures; station d'expériences du Massachusetts, 3 photographies; collège agricole du Michigan, 38 photographies; collège d'agriculture et d'arts mécaniques du New-Hampshire, 16 photographies; collège Rutgers, New-Brunswick, New-Jersey, 4 photographies; Université et station d'expériences de la Caroline du Sud, 7 photographies; Université et station d'expériences du Tennessee, 2 photographies; station d'expériences de la Virginie, 11 photographies.

14215. — Imprimerie de Charles Noblet, 13, rue Cujas, Paris.

www.ingramcontent.com/pod-product-compliance
Ingram Content Group UK Ltd.
Pitfield, Milton Keynes, MK11 3LW, UK
UKHW020112240726
13926UKWH00011B/442

9 782013 666534